"十三五"国家重点图书出版规划项目

画说三农书系

画说鸭常见病快速诊断与防治技术

中国农业科学院组织编写

李玉峰　主编

U0349170

中国农业科学技术出版社

图书在版编目（CIP）数据

画说鸭常见病快速诊断与防治技术 / 李玉峰主编 . —
北京：中国农业科学技术出版社，2019.6
ISBN 978-7-5116-4195-3

Ⅰ . ①画 ⋯ Ⅱ . ①李 ⋯ Ⅲ . ①鸭病－诊疗－图解
Ⅳ . ① S858.32-64

中国版本图书馆 CIP 数据核字（2019）第 089778 号

责任编辑　崔改泵　李 华
责任校对　贾海霞

出 版 者　中国农业科学技术出版社
　　　　　　北京市中关村南大街 12 号　邮编：100081
电　　话　（010）82109708（编辑室）　　（010）82109702（发行部）
　　　　　　（010）82109709（读者服务部）
传　　真　（010）82106650
网　　址　http://www.castp.cn
经 销 者　各地新华书店
印 刷 者　北京中科印刷有限公司
开　　本　880mm×1 230mm　1/32
印　　张　2.125
字　　数　57 千字
版　　次　2019 年 6 月第 1 版　2021 年 5 月第 2 次印刷
定　　价　28.00 元

编委会

《画说『三农』书系》

编委会

《画说鸭常见病快速诊断与防治技术》

主　　编　李玉峰

副主编　崔雪志　于可响

编　　委　常海霞　刘　杰　吴　蕾　张政荣

　　　　　马秀丽　胡　峰　刘存霞

农业、农村和农民问题，是关系国计民生的根本性问题。农业强不强、农村美不美、农民富不富，决定着亿万农民的获得感和幸福感，决定着我国全面小康社会的成色和社会主义现代化的质量。必须立足国情、农情，切实增强责任感、使命感和紧迫感，竭尽全力，以更大的决心、更明确的目标、更有力的举措推动农业全面升级、农村全面进步、农民全面发展，谱写乡村振兴的新篇章。

中国农业科学院是国家综合性农业科研机构，担负着全国农业重大基础与应用基础研究、应用研究和高新技术研究的任务，致力于解决我国农业及农村经济发展中战略性、全局性、关键性、基础性重大科技问题。根据习总书记"三个面向""两个一流""一个整体跃升"的指示精神，中国农业科学院面向世界农业科技前沿、面向国家重大需求、面向现代农业建设主战场，组织实施"科技创新工程"，加快建设世界一流学科和一流科研院所，勇攀高峰，率先跨越；牵头组建国家农业科技创新联盟，联合各级农业科研院所、高校、企业和农业生产组织，共同推动我国农业科技整体跃升，为乡村振兴提供强大的科技支撑。

　　组织编写《画说"三农"书系》，是中国农业科学院在新时代加快普及现代农业科技知识，帮助农民职业化发展的重要举措。我们在全国范围遴选优秀专家，组织编写农民朋友用得上、喜欢看的系列图书，图文并茂展示先进、实用的农业科技知识，希望能为农民朋友提升技能、发展产业、振兴乡村做出贡献。

中国农业科学院党组书记 张合成

2018 年 10 月 1 日

前言

《画说鸭常见病快速诊断与防治技术》

养鸭业是我国畜牧业的重要组成部分，也是传统养殖产业，历史悠久。我国拥有非常丰富的鸭品种资源，在长期生产过程中，还形成了极具特色的与鸭相关的饮食文化。近年来，随着社会经济的发展，人们对鸭产品的消费量也逐年增加，使鸭产业成为一个具有巨大潜力的社会行业。

自20世纪90年代以来，我国养鸭业发展十分迅速，特别是肉鸭养殖，年出栏量从90年代初的5亿只增加到目前的30亿只，超过世界其他国家出栏量总和。但随着养殖规模的扩大和养殖密度的增加，各类疫病的发生率也呈上升趋势，鸭瘟、鸭病毒性肝炎等传统疫病仍旧威胁着养鸭生产，鸭坦布苏病毒病、大舌—侏儒综合征等新发疫病又在不断出现。据估算，我国养鸭业因各类疫病所造成的直接经济损失高达数十亿元。

本书编者都是长期从事养鸭业的技术人员或科研人员，一直工作于生产和科研一线，接触了较多的生产实际问题，对于各类鸭病的流行特点、诊断方法和防控措施具有较为丰富的经验。为了给广大从业者提供一个简明扼要、易于理解和掌握的鸭病诊断与防治技术，特此编写了这本书。本书用通俗易懂的语言，逐一介绍了当前影响养

鸭生产的主要病毒性疾病、细菌性疾病和营养、中毒性疾病，对各种疾病的病原、流行特点、诊断方法及防控措施进行了描述，并配以彩色图片，以便读者更加直观地领会书中内容。本书具有知识普及性和专业性相结合的特点，可供鸭产业从业者和基层畜牧兽医技术人员参考。

由于编者水平有限，书中存在的缺点和错误在所难免，恳请广大同行和读者批评指正。

编　者

2019 年 4 月

Contents 目　录

第一章

概　述

　　我国是世界第一养鸭大国，养鸭量一直占据全世界 70% 左右份额。近年来，我国肉鸭年出栏量维持在 30 亿只左右，蛋鸭 1 亿多只，年产值接近 1 400 亿元。20 世纪 90 年代以来，我国养鸭业发展迅速，规模不断扩大，但由于饲养密度大，品种良莠不齐，饲养模式落后等问题，导致我国养鸭业的发展质量远远低于发展速度，其主要表现之一就是各种疫病的发生率居高不下。

　　危害养鸭业的疫病种类较多，主要包括病毒性疾病、细菌性疾病、中毒性疾病以及由于营养和管理问题造成的疾病。从造成危害的严重程度来看，病毒性疾病危害最大，其次是细菌性疾病，这两类疾病常常形成大范围传播或地方性流行。中毒性疾病和营养性疾病虽然不具有传染性，但由于具有一定的普遍性，再加上一般不引起人们的重视，带来的隐性损失也不容忽视。

　　目前我国鸭病的流行状况日趋复杂，主要表现在以下几个方面：一是新病原不断出现，病原变异加快。近十几年来，平均 2~3 年即有一个新的病原或疫病类型出现，例如坦布苏病毒最初仅见于东南亚地区的蚊虫体内，之后在流行过程中逐渐适应家禽并最终造成鸭的发病。该病在 2010—2011 年在我国主要养鸭地区暴发，给养鸭业带来巨大经济损失。二是宿主范围不断扩大。某个病原原本只感染某种特定宿主，然而随着病毒变异，可能会感染其他宿主并造成发病。

2015 年前后在我国出现的肉鸭大舌—侏儒综合征，其病原为细小病毒，与小鹅瘟病毒具有很高的同源性，被认为是小鹅瘟病毒的变异株，是宿主范围扩大的典型代表。三是病原的耐药性增加。为了控制日益复杂的疾病状况，我国养鸭业中普遍存在违规、超量使用药物的情况，在药物选择性压力推动下，各类病原尤其是细菌性病原的耐药性不断增加。在生产中我们经常分离到具有多重耐药性的细菌，甚至出现没有敏感药物应对的情况，这种现象在大肠杆菌、沙门氏菌、里默氏杆菌、葡萄球菌等病原中都表现较为突出。四是混合感染，多因素协同的疾病较为常见。由于多种病原同时存在，生产中经常出现病毒—病毒、病毒—细菌、细菌—细菌等多种病原同时感染或继发感染的情况，例如鸭病毒性肝炎、呼肠孤病毒感染等疾病，常伴有大肠杆菌、里默氏杆菌等细菌的感染。另外中毒性疾病，如霉菌毒素中毒能够增强鸭病毒性肝炎的致病性，造成更大的经济损失。

　　总体而言，我国虽是养鸭大国但却不是养鸭强国，养殖密度过大、饲养模式落后、生态环境污染等问题仍然是制约我国养鸭业发展的主要瓶颈，同时也影响着疫病的流行与防控，只有以上问题得到根本解决，各种疫病所造成的危害才能随之减少。这需要政府部门、养殖企业和广大从业者共同努力，从宏观上着眼，从细微处入手，齐心协力推动我国养鸭业产业转型升级和新旧动能转换，打造一个更加具有创新性、更加具有竞争力、更加可持续发展的全新产业。

第二章

鸭病毒性疾病

第一节 鸭流感

鸭流感是由 A 型流感病毒引起的一类全身性或呼吸性病变的传染病。鸭流感因感染病毒毒力、感染日龄不同，造成的危害有一定差异，雏鸭感染后发病率和死亡率明显高于成年鸭。自 20 世纪 90 年代中期以来，鸭、鹅等水禽已由禽流感病毒贮存宿主转变为高度易感和高死亡率的禽类。

一、病原学

本病病原为禽流感病毒（AIV），属于正黏病毒科正黏病毒属 A 型流感病毒，病毒粒子呈球形或多形性，直径 80~120nm（图 2-1-1），囊膜表面具有血凝素（HA）和神经氨酸酶（NA）两种纤突蛋白（图 2-1-2）。AIV 在环境中的稳定性相对较差，在加热、极端 pH 值、非等渗和干燥条件下易失活。禽流感病毒血清亚型众多，不同血清亚型在致病性和传染性方面存在很大的差异。血凝素（HA）和神经氨酸酶（NA）是区分 A 型流感病毒血清亚型的依据，目前已发现 16 种 HA 亚型和 9 种 NA 亚型。同一个鸭群中往往存在多种不同亚型禽流感病毒，这也是导致禽流感病毒易发生重组的主要原因。

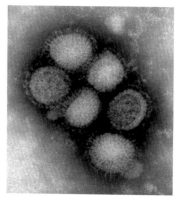

图 2-1-1　禽流感病毒电子
显微镜下形态

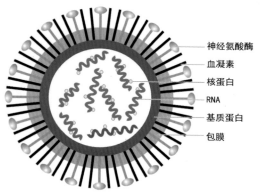

神经氨酸酶
血凝素
核蛋白
RNA
基质蛋白
包膜

图 2-1-2　禽流感病毒囊膜表面具有 HA
和 NA 两种纤突蛋白

二、流行特点及诊断

冬春季是本病的高发时期，但近几年来 5—10 月水禽禽流感的发病率有增加的趋势。禽流感病毒的致病力差异很大，有的毒株发病率和死亡率可高达 100%，有的毒株仅引起轻度的产蛋下降，有的毒株则引起呼吸道症状且死亡率很低。本病可以通过与感染鸭的直接接触传播，也可通过气溶胶或病毒污染物间接接触传播。鸭流感在水禽群中的传播速度比较快，一个鸭群在 3~5 天就可能发生全群感染。

本病潜伏期长短不一，与病毒的致病力、感染日龄、免疫状态、环境因素等有关。小日龄鸭群感染后，死亡较快，死亡率高。病程较长的病鸭会出现呼吸道症状，精神沉郁，

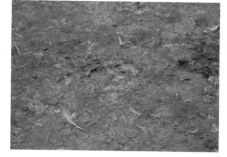

图 2-1-3　病鸭排淡黄绿色稀粪

食欲骤减以致废绝，排白色或淡黄绿色稀粪（图2-1-3），机体消瘦，鼻腔内流出浆液性或黏液性分泌物，眼眶周围因分泌物而沾湿（图2-1-4）。部分病鸭有神经症状（图2-1-5）。产蛋鸭发病后数天内，产蛋量迅速下降，部分鸭群产蛋率可由90%以上降至10%以下或绝产，发病期常出现小型蛋、畸形蛋，死淘率升高。

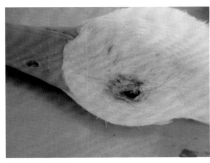

图2-1-4　病鸭眼眶周围有分泌物

图2-1-5　发病鸭具有扭颈、歪脖等神经症状

　　病鸭喉头和气管黏膜出血，腹部皮下脂肪有散在性出血点，心脏冠状脂肪和心肌表面有点状出血（图2-1-6），心肌有灰白色条纹状或块状坏死（图2-1-7），腺胃乳头出血（图2-1-8），腺胃与食道、腺胃与肌胃交界处黏膜有出血带或出血斑，肾脏肿大、出血，局部肠道和直肠黏膜有弥漫性出血。脑软化、脑膜充血（图2-1-9、图2-1-10）。患病产蛋鸭主要病变在卵巢，卵泡膜严重充血、出血，有的卵泡萎缩，个别病例卵泡破裂于腹腔，引起明显卵黄性腹膜炎（图2-1-11、图2-1-12），输卵管蛋白分泌部有凝固的蛋清（图2-1-13）。

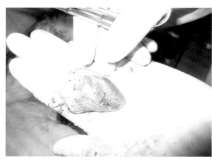

图 2-1-6　心肌表面有出血点

图 2-1-7　心肌有灰白色条纹状坏死

图 2-1-8　腺胃乳头出血

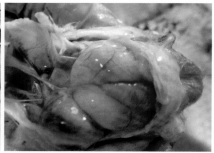

图 2-1-9　脑组织水肿、软化

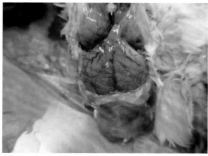

图 2-1-10　脑膜充血、出血

图 2-1-11　卵泡充血、变形

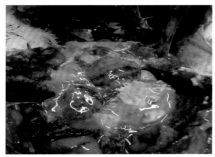
图 2-1-12　卵黄性腹膜炎

图 2-1-13　输卵管内有凝固蛋清

根据流行病学、临床症状、抗体检测进行初步判断。对可疑的病料进行 RT-PCR 鉴定，同时可采集发病前后患病鸭的血清进行血凝和血凝抑制试验检测抗体水平变化来辅助诊断。

三、防控措施

坚持全进全出的饲养方式，严格做好养殖场生物安全工作，防止人员、车辆、野鸟等将病毒传入。饲养周期长的鸭应按照国家要求进行免疫，确保免疫合格。一旦发现疫情，应迅速上报，确诊后应立即采取控制及扑灭措施，淘汰病鸭，进行烧毁或深埋，彻底消毒养殖场地和使用的工具，严防疫情传播。

第二节　鸭病毒性肠炎

鸭病毒性肠炎（DVE）又称"鸭瘟"，是一种急性、接触性、败血性传染病，以头颈肿大、流泪、排绿色或灰白色稀粪，高热，两腿无力为特征。该病流行广泛，传播快，发病率和死亡率较高，主要侵害消化道、内脏和淋巴器官。

一、病原学

DVE 病原为疱疹病毒,为双链 DNA 病毒,属于 α 疱疹病毒亚科,有囊膜,无血凝集和红细胞吸附特性。病毒对外界抵抗力不强,对热、干燥和常规消毒剂敏感。

二、流行特点及诊断

不同日龄、不同品种的鸭均易感,病鸭、潜伏期感染鸭和带毒鸭是主要传染源,病毒可经过消化道、呼吸道传播。鸭病毒性肠炎一年四季均可发生,但夏、秋两季居多。在流行期间成年鸭和产蛋鸭发病率和死亡率较高,雏鸭较少发病。

该病自然感染潜伏期一般 2~7 天,一旦发病,一般在 2~5 天死亡。病鸭体温升高,稽留热,精神沉郁,食欲减退或停食,渴欲增加,两腿发软,严重时不能行走(图 2-2-1),眼睑水肿、流泪,分泌浆液或脓性分泌物(图 2-2-2),鼻腔分泌物增多,出现顽固性下痢,排绿粪或灰白色稀粪(图 2-2-3),肛门周围的羽毛被粪便玷污,泄殖腔水肿,严重者外翻。病鸭头颈部发生不同程度的炎性水肿,触之有波动感,俗称"大头瘟"(图 2-2-4)。

图 2-2-1　病鸭腿软,不能站立

图 2-2-2　眼睑水肿,有分泌物

图 2-2-3　病鸭下痢，排绿色稀粪　　图 2-2-4　病鸭头颈肿大，俗称"大头瘟"

　　剖检以全身性败血症为主要特征。头颈肿胀的病鸭，皮下组织有黄色胶冻样浸润（图 2-2-5）；食道黏膜有纵形排列的小出血点或有灰黄色假膜覆盖，剥离后留有溃疡瘢痕（图 2-2-6）；肠黏膜出血、充血，以十二指肠和直肠最为严重，小肠的浆膜和黏膜面有时会出现环状出血（图 2-2-7）；心脏冠状脂肪、心内膜和瓣膜出血（图 2-2-8）；肝脏、脾脏、胰腺等出血，有灰黄色或灰白色坏死灶（图 2-2-9 至图 2-2-12）；胆囊肿大，充满浓稠墨绿色胆汁；产蛋母鸭卵泡充血、出血、变形、坏死，部分卵泡破裂引起腹膜炎（图 2-2-13、图 2-2-14），直肠有出血斑或呈弥漫性出血（图 2-2-15、图 2-2-16）。具有诊断意义的组织学病变是在肝、肾细胞核内检出病毒包涵体。

 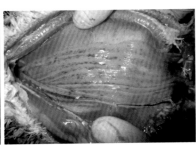

图 2-2-5　颈部皮下黄色胶冻样物　　图 2-2-6　食道黏膜纵行出血

图 2-2-7 肠道环状出血

图 2-2-8 心脏冠状脂肪、心内膜出血

图 2-2-9 肝脏出血、坏死

图 2-2-10 肝脏表面大面积出血

图 2-2-11 脾脏出血，有坏死点

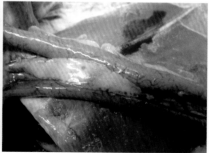

图 2-2-12 胰腺坏死

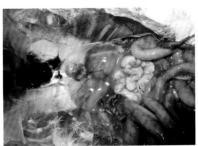
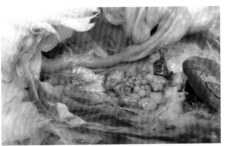

图 2-2-13　卵泡变形、破裂　　　　　图 2-2-14　卵泡萎缩

图 2-2-15　直肠、泄殖腔出血　　　　图 2-2-16　肠道弥漫性出血

三、防控措施

虽然鸭肠炎病毒毒株的毒力不同，但免疫学和抗原性相同。灭活疫苗效果不如活疫苗，种鸭、蛋鸭每年应接种2次活疫苗。本病目前没有特效治疗方法，一旦发病，应立即对发病鸭群进行隔离和紧急免疫接种，病死鸭进行深埋或焚烧，发病鸭群淘汰以后，鸭舍及周围环境需要彻底清理、消毒和空舍一段时间后，方可重新使用。

第三节　鸭病毒性肝炎

鸭病毒性肝炎是鸭肝炎病毒引起雏鸭的一种急性、高度致死性、传播迅速的传染病。临床表现为典型的"角弓反张"，主要的剖检病变为肝脏肿大、出血。

一、病原学

鸭肝炎病毒（DHV）又称鸭甲肝病毒，属小 RNA 病毒科。分为 3 个血清型，即 DHV-Ⅰ（传统血清Ⅰ型）、DHV-Ⅱ（台湾新型）和 DHV-Ⅲ（韩国新型），目前国内流行的主要是 DHV-Ⅰ型和 DHV-Ⅲ型。3 个不同的血清型病毒在血清学上有明显的差异，无交叉免疫性。该病毒对外界环境抵抗力较强，在被污染的育雏室内可以存活 10 周。

二、流行特点及诊断

本病一年四季均可发生，以冬、春两季居多。主要危害 3 周龄以内的雏鸭，近些年樱桃谷产蛋种鸭感染 DHV-Ⅰ后可出现产蛋下降。饲养管理不善、鸭舍潮湿拥挤、霉菌毒素中毒、维生素和矿物质缺乏等，均可促进本病的发生。该病主要通过消化道和呼吸道传播，以接触传播为主。

感染 DHV 雏鸭病程短、发病急、死亡快，潜伏期通常 1~3 天。病鸭首先表现精神萎靡，离群独处，缩头弓背，食欲废绝，眼半闭呈昏迷状态，神经症状，转圈，运动失调，头仰向背部，两腿阵发性向后踢蹬，呈角弓反张状态（图 2-3-1），数小时后死亡。

特征性病变主要在肝脏，表现为肝脏肿大，质地变脆，呈

淡红色、棕黄色或花斑状，表面有大小不一的出血点或出血斑（图2-3-2、图2-3-3）；胆囊充盈，呈卵圆形，内充满茶褐色或淡绿色胆汁；肾脏肿胀出血（图2-3-4）；脾脏有时肿大；脑部充血、水肿、软化。

　　根据临床症状和病理特征可作出初步判断，确诊需进行RT-PCR检测，也可进行病毒分离确诊。

图2-3-1　病鸭呈角弓反张姿态

图2-3-2　肝脏表面刷状出血

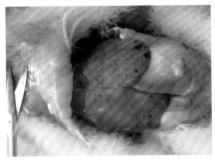

图2-3-3　肝脏出血点或出血斑

图2-3-4　肾脏肿胀出血

三、防控措施

　　无母源抗体的雏鸭免疫鸭肝炎弱毒苗后，可在1周后产生较强的免疫力。加强饲养管理，加强对鸭舍环境卫生消毒，可以一定程度上预防本病的发生。而一旦发病，可应用高免血清或者高免卵黄抗体进行紧急预防，为防止继发细菌感染，在不影响免疫效果的前提下，可选择敏感的抗菌药物与抗体同时注射。

第四节　鸭坦布苏病毒病

鸭坦布苏病毒病是由鸭坦布苏病毒引起的一种传染病。患病种鸭通常会出现严重的产蛋下降，卵巢出血，共济失调和脑炎等症状，因此该病又被称为"鸭出血性卵巢炎""鸭病毒性脑炎"或"鸭脑炎卵巢综合征"。

一、病原学

鸭坦布苏病毒（DTMUV）属于黄病毒科黄病毒属，由单链 RNA组成，病毒粒子直径 50nm，有囊膜，不能凝集鸡、鸭红细胞。坦布苏病毒对氯仿、乙醚、去氧胆酸钠敏感，对酸和热敏感，一般 56℃加热 15min 即可将病毒完全灭活。

二、流行特点及诊断

2010 年该病首先在浙江、福建等省份的鸭场发生，并迅速蔓延到我国其他的主要养鸭地区，给养殖场造成了巨大的经济损失。该病主要通过污染的饲料、饮水、垫料或其他用具传播，也可通过气溶胶或蚊虫传播。

临床上，患病鸭主要表现为采食量突然下降、体温升高，并伴有产蛋大幅度下降。一般在 5~6 天，产蛋率下降超过 10%，严重的甚至出现完全停产。部分患病鸭排绿色稀粪（图 2-4-1），不愿行走，共济失调，表现瘫痪甚至翻倒（图2-4-2、图2-4-3）。鸭坦布苏病毒对种蛋的受精率也有影响，一般发病时受精率会降低十几个百分点，发病后期往往表现为一个换羽的过程。

图2-4-1 病鸭排绿色稀粪

本病病程1个月左右，患病鸭采食量逐渐恢复，绿色粪便减少，产蛋率缓慢攀升。状态较好的青年鸭群，其产蛋率可以恢复到发病之前的水平。

卵巢病变是鸭坦布苏病的主要特征，剖检可见患病鸭部分卵泡充血和出血，较严重的能够看到卵泡严重出血、破裂、变形或萎缩（图2-4-4至图2-4-7），部分患病鸭形成卵黄性腹膜炎。输卵管内可见大量黏液（图2-4-8）；有些患病鸭可见肝脏肿大，颜色发黄或者出血（图2-4-9至图2-4-11），胰腺出血和坏死（图2-4-12、图2-4-13），心肌苍白或者出血（图2-4-14、图2-4-15），腺胃肿胀，肌胃壁出血等情况。有神经症状的病鸭剖检可见脑膜出血、脑组织水肿，呈现树枝状出血等特征（图2-4-16、图2-4-17）。

图2-4-2 病鸭瘫痪，无法站立

图2-4-3 病鸭翻倒，呈神经症状

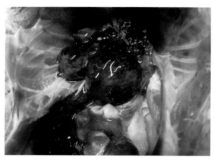

图 2-4-4 卵泡严重充血

图 2-4-5 卵泡变形、坏死

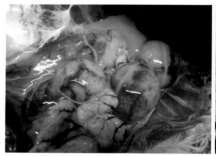

图 2-4-6 卵泡破裂

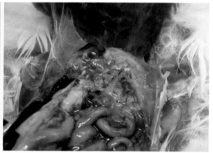

图 2-4-7 卵泡坏死

图 2-4-8 输卵管内有白色分泌物

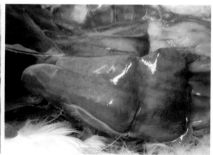

图 2-4-9 肝脏肿大发黄

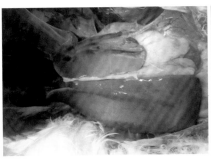

图 2-4-10 肝脏发黄

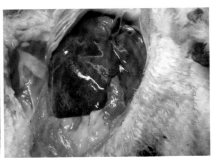

图 2-4-11 肝脏出血

图 2-4-12 胰腺出血

图 2-4-13 胰腺坏死

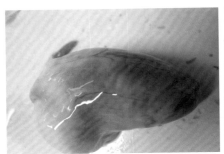

图 2-4-14 心肌苍白

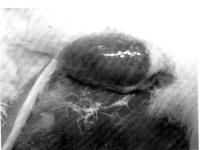

图 2-4-15 心肌出血

图 2-4-16　脑膜充血

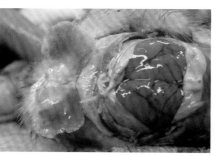
图 2-4-17　脑组织出血

三、防控措施

鸭场注意生态环境消毒，做好污水的处理，减少蚊虫滋生。在疫病流行季节和区域，要做好生物安全防控措施，对运输工具、生产设备进行清洁卫生和消毒，并做好安全隔离措施，防止鸭群和野生禽类接触。种鸭群开产前免疫活疫苗效果好。

已经发病的鸭群，可在饮水中投喂复合维生素和葡萄糖，增强鸭的抵抗力。亦可通过饮水途径给予鸭群一定的抗生素，预防继发细菌感染，一般一个月左右能够恢复，多数不影响后期生产性能。

第五节　鸭呼肠孤病毒病

呼肠孤病毒病是由呼肠孤病毒引起的一种传染性疾病，发病率和死亡率较高，给养鸭业造成了巨大的经济损失。鸭呼肠孤病毒感染的典型临床症状表现为鸭脚软、蹲伏、食欲和饮欲减退，排白色或绿色粪便。鸭肝脏、脾脏等器官表面有大量白色坏死点，故该病又称为"白点病"或"鸭脾坏死症"。

一、病原学

鸭呼肠孤病毒（DRV）是呼肠孤病毒科正呼肠孤病毒属的一员，鸭呼肠孤病毒呈球形，正二十面体，具有立体对称结构。病毒表面没有囊膜，有双层衣壳包裹。呼肠孤病毒直径在 60~73nm，其含有的遗传物质为双链 RNA，具有和禽呼肠孤病毒相似的特征。

呼肠孤病毒对环境的抵抗力很强，耐热，抗乙醚、过氧化氢、2% 的来苏儿、3% 的福尔马林；但 0.5% 的有机碘、70% 的乙醇、苯酚和升汞等均能将该病毒杀死。

二、流行特点及诊断

鸭呼肠孤病毒多发生于雏番鸭、雏半番鸭、樱桃谷、北京鸭或其他品种的雏鸭，7~35 日龄发病率较高，但死亡率一般不高。该病一年四季均可发生，没有明显的季节性，在天气变化频繁的地区或者卫生条件差、饲料密度高的鸭舍内更易发生本病。呼肠孤病毒的主要传播途径为粪—口传播，病毒在盲肠扁桃体和跗关节可潜伏较长时间，带毒鸭是呼肠孤病毒的主要传染源。呼肠孤病毒亦可垂直传播，但经蛋传播率较低。

该病毒感染鸭后的潜伏期为 3~11 天，病鸭表现为精神沉郁、乏力、委顿、脚软懒动、常常呈现出蹲伏的姿态，多数鸭子喜欢聚集在一起扎堆。病鸭不喜饮水，少食或者绝食，羽毛蓬乱没有光泽，且有腹泻的症状，排出绿色或者白色的水样粪便。一般来说，患病鸭的病程长短不一，一般 2~14 天，发病后 5~7 天是死亡的高峰时期。病鸭即便痊愈，也往往因为生长发育迟缓，成为僵鸭，失去饲养的价值。

病鸭肝脏肿大出血、质脆、表面密布针尖样的坏死点(图 2-5-1、图 2-5-2)。脾脏呈斑驳状，表面出血（图 2-5-3），或者出现白色或黄色坏死点或坏死斑（图2-5-4、图2-5-5），严重的时候这些坏死灶汇聚成一片，呈现出花斑样外观（图2-5-6、图2-5-7）。耐过鸭脾脏常萎缩变小（图2-5-8），导致免疫力下降，易感染其他病原。

鸭呼肠孤病毒感染的临床症状及剖检情况和鸭副伤寒非常相似，容易混淆。不同点在于，鸭患有副伤寒时，肝脏和肠壁上有大量白色坏死点及肠道黏膜糠麸样坏死，抗生素治疗有效；而患有呼肠孤病毒时，肠道黏膜没有糠麸样的病变，抗生素治疗无效。

根据流行病学、临诊症状和剖检变化，可作出初步诊断，确诊需进行病原检测和病毒分离鉴定。

图2-5-1　肝脏表面白色坏死点

图2-5-2　肝脏表面白色坏死点

图2-5-3　脾脏出血

图2-5-4　脾脏黄色坏死灶

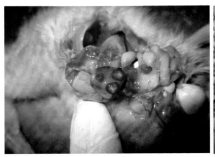

图 2-5-5　脾脏坏死灶

图 2-5-6　脾脏硬化，呈花斑状

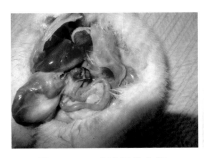

图 2-5-7　脾脏呈花斑状

图 2-5-8　脾脏萎缩（左侧萎缩，右侧为正常对照）

三、防控措施

呼肠孤病毒无处不在，对环境的抵抗能力极强，不仅能够水平传播还可以垂直传播。减少暴露感染机会、减少霉菌及霉菌毒素污染、控制继发细菌感染是预防和降低本病危害的关键。

为防止呼肠孤病毒引起的继发性细菌病，可在饮水中加入广谱抗生素，一般连用 4~5 天即可。也可在发病期在水中加入黄芪多糖，连用 5~7 天，以提高鸭机体的抵抗力。

第六节　鸭细小病毒病

　　鸭细小病毒病是由细小病毒（DPV）引起的雏鸭的传染病。番鸭细小病毒具有很高的传染性和死亡率，一般3周龄以内的雏番鸭易发本病，因此番鸭细小病毒病又被称为"三周病"。近年来，一种新型的鸭细小病毒被鉴定，该病毒能引起樱桃谷鸭侏儒、短喙、舌头外露等症状，又被称为"大舌—侏儒综合征"或简称为"大舌病"。

一、病原学

　　鸭细小病毒属于细小病毒科的依赖病毒属，无囊膜，直径22~25nm，核酸为单链DNA，大小约为5.2kb，具有末端回文重复序列。在电子显微镜下该病毒呈正二十面体对称，晶格状排列，有实心和空心两种病毒粒子存在，无凝血性。

　　该病毒对乙醚、胰蛋白酶、酸和热等灭活因子具有较强的抗性，但对紫外线很敏感，极易被紫外线杀死。

二、流行特点及诊断

　　本病没有明显的季节性，鸭细小病毒主要经消化道而感染，病鸭和带毒鸭是主要的传染源，被细小病毒污染的排泄物、饲料、饮水、用具、人员和环境等是主要的传播媒介。雏鸭最易感染本病毒，一般从4~5日龄开始发病，鸭细小病毒的发病率和危害性与日龄密切相关，日龄越小发病率越高，危害性越大。

　　鸭细小病毒的自然感染潜伏期为4~16天，病程长短不一。雏番鸭发生该病主要表现为精神沉郁、羽毛杂乱、双翅下垂、两脚无力、厌食、离群；病鸭有不同程度的腹泻，排出灰白色或者淡绿色稀粪；

呼吸困难、喙端发绀、后期常蹲伏、张嘴呼吸，病程一般在 2~4 天，濒死前两肢麻痹、衰竭死亡。樱桃谷鸭发生该病主要表现为生长发育受阻，喙变短，舌头外露（图 2-6-1、图 2-6-2），骨质变脆，宰杀时腿和翅膀易发生骨折。

　　病死鸭剖检可见肝脏瘀血（图 2-6-3），脾脏稍肿大充血（图 2-6-4），肾脏弥漫性出血（图 2-6-5），胰腺表面分布有灰白色坏死灶（图 2-6-6）；肠道呈现卡他性炎症或肠黏膜有不同程度的充血和出血（图 2-6-7、图 2-6-8），主要集中在十二指肠和直肠后端黏膜上，个别病例也可见盲肠黏膜上有点状出血。

图 2-6-1　病鸭舌头外露

图 2-6-2　病鸭舌头外露

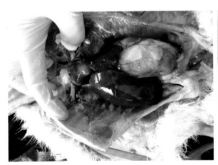

图 2-6-3　肝脏瘀血

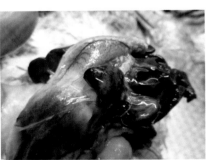

图 2-6-4　脾脏肿大出血

图 2-6-5　肾脏出血　　　　　　　图 2-6-6　胰腺有灰白色坏死灶

图 2-6-7　肠道弥漫性出血　　　　图 2-6-8　肠道卡他性炎症

三、防控措施

　　种蛋、孵化器、育雏室环境及用具的严格消毒等措施可以减少鸭细小病毒的污染，对本病的防控具有重要的作用。鸭细小病毒的防控要通过疫苗免疫或注射卵黄抗体实现。1 日龄雏番鸭接种番鸭细小病毒弱毒疫苗，1 日龄樱桃谷肉鸭可使用鹅细小病毒抗体预防该病。已经发病的雏鸭，治疗效果不明显。

第七节　鸭副黏病毒病

鸭副黏病毒病是由鸭新城疫病毒引起的一种侵害鸭及其他水禽野鸟的高度接触性和致死性传染病，又称为"鸭副黏病毒病"。鸭群发病后有呼吸困难，下痢，伴有神经症状，产蛋下降，黏膜和浆膜出血。

一、病原学

本病病原是新城疫病毒（NDV），属于副黏病毒科腮腺炎病毒属成员。完整病毒粒子近圆形，直径 100~500nm，含有单股负链RNA 分子。NDV 有囊膜，囊膜上有纤突，能凝集多种动物的红细胞，并能被抗 NDV 抗体抑制。NDV 只有一种血清型，病毒基因组大小在 15.2kb 左右，其中血凝素神经氨酸酶和融合蛋白是重要的保护性抗原。

热、辐射（包括光和紫外线）、酸碱环境和多种化合物等理化因素均可破坏病毒的感染性。病毒对乙醚、氯仿敏感，在冷冻的尸体内可存活 6 个月以上。

二、流行特点及诊断

近年来在我国一些地区出现对鸭也有致病力的毒株。本病的主要传染源是病禽以及在流行间歇期的带毒禽，多数水禽呈隐性或者慢性感染，成为重要的病毒携带者和散播者。本病主要通过呼吸道和消化道传播。

一般自然感染的潜伏期为 2~15 天，雏鸭日龄越小，发病率和死亡率越高。鸭新城疫主要临床症状有精神沉郁，不愿走动，体温升高，食欲减退或废绝，流鼻涕、咳嗽，扭头，歪脖或转圈等神经症状（图2-7-1），饮水次数明显增多，垂头缩颈或翅膀下垂，眼睛半开或全闭，似昏睡状。病鸭迅速消瘦，体重减轻，最后衰竭死亡。

图2-7-1　病鸭呈扭颈等神经症状

剖检可见气管充血、胸腺点状出血，心脏体积增大、心肌柔软、心包积液，肝脏肿大质脆（图2-7-2），肺脏出血，肾脏明显肿大，脾脏出血（图2-7-3）。腺胃黏膜脱落，腺胃乳头轻微出血或溃疡，十二指肠和直肠出血明显，整个肠道黏膜出血，并有卡他性炎症。具有神经症状病鸭一般有脑充血、出血表现（图2-7-4）。

图2-7-2　肝脏肿大质脆

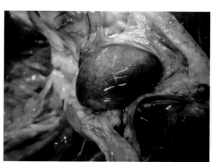

图2-7-3　脾脏斑驳状，出血

图2-7-4　脑组织充血、出血

本病应注意与鸭流感和鸭坦布苏病毒感染相区别。通过呼吸道、消化道及神经症状，结合剖检的病理变化，可初步诊断为新城疫。确诊仍需要做进一步的病毒分离和鉴定，还可以通过采集发病前后血清检测 HI 辅助判定。

三、防控措施

　　加强生物安全管理措施，避免或禁止养禽场车辆和物品的交叉使用，杜绝野鸟、鼠类和昆虫等进入。严格防疫消毒，避免强毒污染和入侵。目前还没有鸭、鹅新城疫疫苗，一般使用鸡新城疫灭活疫苗免疫，具有一定的保护力。

　　一旦发生新城疫，鸭群用抗生素防止细菌继发感染，未发病栋舍鸭群可进行紧急免疫，防止疫情蔓延。

鸭细菌性疾病

第一节　鸭大肠杆菌病

鸭大肠杆菌病是由某些血清型大肠杆菌引起的一种急性败血性传染病，也称鸭大肠杆菌败血症。其病型有大肠杆菌性肉芽肿、腹膜炎、输卵管炎、脐炎、滑膜炎、气囊炎、眼炎、卵黄性腹膜炎等，各种日龄的鸭均可感染，2~6周龄的雏鸭发病最为严重。

一、病原学

大肠杆菌为革兰氏阴性、不形成芽孢的短杆菌，大小和形态存在一定差异，一般为（2~30）μm×（0.5~0.7）μm。菌体有鞭毛，可运动，部分菌株可以形成荚膜。该菌对营养要求较低，需氧和厌氧均可生长。大肠杆菌抗原结构复杂，血清型多。主要由菌体（O）抗原、鞭毛（H）抗原和荚膜（K）抗原3部分组成。

大肠杆菌无特殊抵抗力，对理化因素敏感。60℃、30min或者70℃、2min即可灭活大多数菌株，大肠杆菌耐受冷冻并可在低温条件下长期存活。对抗生素及磺胺类药等极易产生耐药性，其耐药性之强为各种细菌病之首。

二、流行特点及诊断

鸭大肠杆菌性败血症一年四季均可发生，但以秋末春初和冬季气温多变季节及多雨、闷热、潮湿季节多发。病鸭和带菌鸭是本病的主要传染源，本病主要通过消化道、呼吸道、交配等水平传播，也可通过伤口和种蛋表面污染的途径传播，感染的种鸭经种蛋可垂直传播给雏鸭。大肠杆菌病的发生和流行，经常与其他家禽传染病并发或者继发，例如鸭传染性浆膜炎、鸭霍乱、鸭流感、鸭副黏病毒病、鸭肝炎等疾病。

鸭发生大肠杆菌病主要表现为精神沉郁，厌食，严重下痢，粪便稀薄呈黄绿色，迅速脱水，消瘦，衰竭，死亡。鸭产蛋期感染大肠杆菌主要症状有病鸭精神委顿，废食，下痢，肛门周围羽毛上沾着混有卵清或卵黄的恶臭稀粪。后期病鸭的腹部膨大、下垂，逐步衰竭。此外，鸭大肠杆菌病还有眼炎型、脑型（神经型）、关节型、肉芽肿型、气囊炎型等病型。

患病鸭肝脏肿大，呈青铜色或胆汁状的铜绿色（图3-1-1）。脾脏肿大，呈紫黑色斑纹状（图3-1-2）。卵巢出血，肺有瘀血或水肿（图3-1-3）。全身浆膜有急性渗出性炎症，严重的纤维素性气囊炎、心包炎、肝周炎等（图3-1-4至图3-1-6），明显的卵黄性腹膜炎（图3-1-7）、卵巢炎（图3-1-8）、输卵管炎、输卵管囊肿、种公鸭外生殖器官发炎坏死等。肠道黏膜有卡他性或者坏死性炎症（图3-1-9）。雏鸭卵黄吸收不良伴有脐炎。

图 3-1-1　肝脏肿大，呈铜绿色

　　本病常与其他疾病并发或继发，而且鸭大肠杆菌病临床表现多样且复杂。一般根据其临床症状及病理解剖变化作出初步诊断，进一步确诊需要通过实验室诊断。

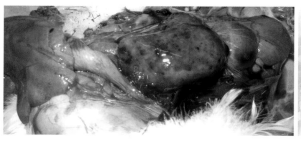

图 3-1-2　脾脏肿大，有黑色斑纹　　　　图 3-1-3　肺脏瘀血水肿

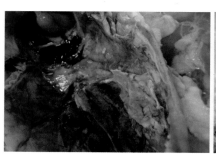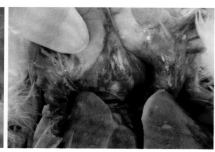

图 3-1-4　严重气囊炎　　　　　　　图 3-1-5　心包炎

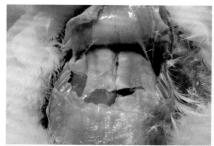

图 3-1-6　严重肝周炎　　　　　　　图 3-1-7　卵黄性腹膜炎

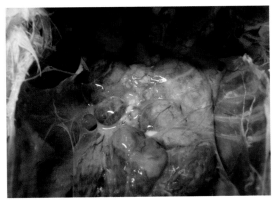

图 3-1-8　卵巢坏死

图 3-1-9　肠道黏膜卡他性
　　　　　炎症

三、防控措施

加强鸭群饲养管理，勤收蛋、保持蛋窝垫料清洁、种蛋产出 2h 内使用甲醛熏蒸消毒以减少细菌污染；注意育雏舍保温及饲养密度、通风；环境、饮水、空气、鸭舍设备、孵化器和用具保持清洁、消毒。

大肠杆菌对抗生素较敏感，但易产生耐药性菌株，所以用药前需分菌做药敏试验，根据药敏结果用药，以达到治疗效果且避免产生耐药性，注意选择多种敏感药物交替用药。

第二节　鸭沙门氏菌病

鸭沙门氏菌病是由沙门氏菌菌属的一种或者几种沙门氏菌引起的鸭急性或慢性传染病，又称鸭副伤寒。导致鸭群发病的沙门氏菌主要是鼠伤寒沙门氏菌、肠炎沙门氏菌、鸭沙门氏菌和其他沙门氏菌。

一、病原学

沙门氏菌大小为（0.3~1.5）μm×（1.0~2.5）μm，革兰氏染色为阴性菌，大多有周鞭毛，不形成芽孢，能运动，两端稍圆的细长杆菌，兼性厌氧。该菌对热比较敏感，对低温的耐受性很强，-10℃条件下可存活4个月。沙门氏菌对辐射敏感，对甲醛、过氧乙酸和臭氧也比较敏感。

二、流行特点及诊断

在自然条件下，各品种的鸭均易感，尤其是出壳两周内的雏鸭更易感。感染鸭的粪便为常见的病菌来源，在产蛋过程中蛋壳被粪便污染或者产出后被污染，对本病的传播影响极为重要。本病的病原菌也可以传染给人，当人食入被污染的鸭产品时，就会引起沙门氏菌食物中毒，严重的可致人死亡。鸭沙门氏菌病常呈地方性流行，病死率10%~20%，严重的高达80%以上。1月龄以上的鸭群抵抗力较强，一般不会引起死亡，成年鸭群往往呈隐性感染，不表现临床症状。

孵化后不久感染或者鸭胚感染本病，经常在数天内不出现任何症状而后大批死亡。雏鸭水平感染后常呈亚急性经过，病鸭呆立、精神不振、昏睡扎堆，两翼下垂、羽毛松乱，排绿色或者黄色水样粪便，经常突然倒地死亡，病程长的鸭只表现消瘦，后衰竭而死。成年鸭感染后常不表现临床症状，偶见下痢死亡。病程稍长的病鸭身体瘦弱，头部颤抖，眼结膜炎、流泪，眼周围羽毛湿润，鼻内腔有分泌物流出。

剖检可见肝脏肿大，呈古铜色，边缘钝圆，肝脏表面及内部有大量针尖大灰白色坏死点（图3-2-1、图3-2-2）；胆囊肿胀充满

胆汁。肠道外壁有密密麻麻灰
白色、针尖大小坏死点，肠黏
膜充血或者出血并呈糠麸样坏
死（图 3-2-3），盲肠内有干酪
样物质形成栓子。心包炎和心肌
炎。肾脏肿大，有白色尿酸盐沉
积。气囊膜浑浊不透明，附着黄
色纤维渗出物（图 3-2-4）。带
菌母鸭有卵巢和输卵管变形、

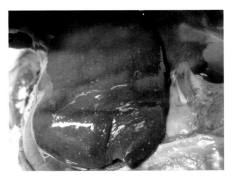

图 3-2-1 肝脏表面遍布白色坏死点

发炎（图 3-2-5）。刚出壳不久死亡的雏鸭卵黄吸收不良，脐部发炎，
卵黄黏稠、色深，肠系膜充血、出血。

无菌条件下用接种环取病料细菌，分别接种于营养、麦康凯、
DHL 等琼脂培养基上，培养 15~24h 后观察菌落形态，初步鉴定后
的可疑菌落进行革兰氏染色，可见革兰氏阴性中等大小细菌，不形
成芽孢，偶有长丝状。瑞氏或美蓝染色可见部分菌体为两极浓染。

三、防控措施

做好入孵种蛋、蛋车、蛋托及孵化设备和孵化环境的清洁和消
毒工作，加强鸭群的饲养管理，增强其抵抗力，消除本病诱因仍是
防治沙门氏菌病的重点。

磺胺类及其他抗生素对本病都有效，用药物治疗急性病例，可
以减少雏鸭的死亡，但痊愈后仍然可能带菌。沙门氏菌产生耐药性
强，投喂抗菌药物时，根据药敏结果选择敏感性高的药物进行治疗。
注意药物在使用时要交替用药，以免形成耐药菌株。

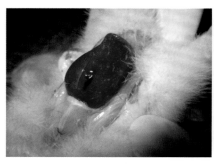

图 3-2-2　肝脏表面遍布白色坏死点　　图 3-2-3　肠黏膜糠麸样坏死

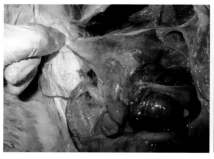

图 3-2-4　气囊混浊，附着黄色纤维　　图 3-2-5　卵巢炎，卵泡变形
　　　　　渗出物

第三节　鸭传染性浆膜炎

　　鸭传染性浆膜炎是由鸭疫里默氏杆菌感染引起的一种急性或慢性败血性疾病，该病发生率和死亡率高，是危害养鸭业较为严重的传染病之一。鸭疫里默氏杆菌血清型众多，已报道的有 21 个血清型，各血清型之间缺乏交叉保护，在一个鸭场或同一批鸭中常常存在多个血清型引发的疾病。

一、病原学

鸭疫里默氏杆菌为革兰氏阴性杆菌、无运动型、不形成芽孢。单个、成双，偶尔呈链状或长丝状排列。菌体大小为（0.2~0.4）μm×（1~5）μm。瑞氏染色时，许多菌体呈两极浓染，印度墨汁染色时可见有荚膜。

二、流行特点及诊断

该病一年四季均可发生，主要经呼吸道和皮肤感染。1~8周龄的雏鸭高度敏感，5周以下的雏鸭一般在出现临床症状1~2天内死亡，日龄较大的鸭可能存活时间较长。

急性型多见于2~3周龄的幼鸭，患鸭主要表现为精神沉郁、厌食、离群、不愿走动或行动迟缓，甚至伏卧不起、垂翅、衰弱、昏睡、咳嗽、打喷嚏，眼鼻分泌物增多，眼有浆液性、黏液性或脓性分泌物，常使眼眶周围的羽毛粘连，甚至脱落。鼻内流出浆液性或黏液性分泌物，分泌物凝结后堵塞鼻孔，使患鸭表现呼吸困难，少数病例可见鼻窦明显扩张，部分患鸭缩颈或以嘴抵地，濒死期神经症状明显，如头颈震颤、摇头或点头，呈角弓反张，尾部摇摆，抽搐而死。亚急性型或慢性型发生在日龄稍大的幼鸭(4~7周龄)，主要表现为精神沉郁、厌食、腿软弱无力、不愿走动、呈伏卧或犬坐姿势，共济失调、痉挛性点头或头左右摇摆，难以维持躯体平衡，部分病例头颈歪斜，当遇到惊扰时呈转圈运动或倒退，有些患鸭跛行。发病后未死的鸭往往发育不良，生长迟缓，损失严重。

本病最明显的病变是内脏浆膜表面的纤维素性渗出，以心包、肝脏表面和气囊最为明显。急性病症心包液增多，心外膜有纤维素性渗出物，心包膜与心外膜粘连（图3-3-1至图3-3-3）。肝呈土黄色或者棕红色，多肿大、易碎，肝脏表面覆盖一层易于剥离的灰白色或灰黄色纤维素膜（图3-3-4、图3-3-5）。气囊混浊，有的附着黄白色干酪样物（图3-3-6）。脾脏常呈斑驳状（图3-3-7）。细菌感染脑部后，常出现脑组织明显充血、出血（图3-3-8）。

确诊本病需要借助实验室，在急性感染阶段最适宜分离到细菌，从脑、肝、心包积液划线接种于血琼脂平板上，37℃厌氧培养24~72h，可分离到鸭疫里默氏杆菌。

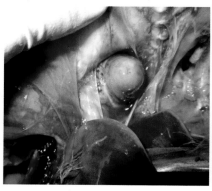

图3-3-1　心包积液增多

图3-3-2　心包膜有纤维素样渗出

图3-3-3　心包炎

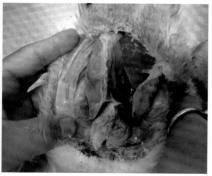

图3-3-4　肝脏表面纤维素样渗出

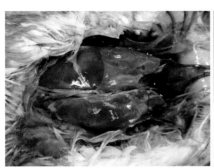
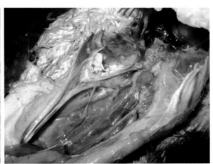

图 3-3-5　肝脏表面纤维素样渗出　　图 3-3-6　气囊炎，气囊内有干酪样物

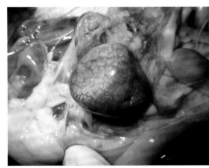

图 3-3-7　脾脏呈斑驳状　　　　　　图 3-3-8　脑组织严重充血、出血

三、防控措施

良好的生物安全措施、注意管理和环境卫生，适当通风、合理的饲养密度，适宜的温度和湿度，能大大减少发生该病的机会。选择与当地血清型一致的菌苗能有效预防本病发生。发病鸭群采用药物治疗时，应根据当时分离菌株的药敏试验结果，选择敏感药物，避免滥用抗生素。

第四节 鸭巴氏杆菌病

鸭巴氏杆菌病也称为鸭出血性败血症、鸭霍乱，是由多杀性巴氏杆菌引起的鸭急性败血性传染病。该病的发病率和死亡率都很高，但也常常表现为慢性型或良性经过。

一、病原学

巴氏杆菌是两端钝圆，中央微凸，革兰氏阴性的短杆菌，属于需氧或兼性厌氧菌，无鞭毛、有荚膜、不形成芽孢。大小为（0.2~0.4）μm×（0.6~2.5）μm，姬姆萨或瑞氏染色呈两极浓染。巴氏杆菌极易被普通消毒剂、阳光、干燥和热灭活。56℃、15min，60℃、10min 即可杀死该菌。

二、流行特点及诊断

本病一年四季都可发生，以春、秋两季较多发，多为散发。不同日龄、不同品种的鸭均易感。病鸭、康复鸭及健康带菌鸭是本病的主要传染源。该病多发生于闷热、潮湿的环境条件下，见于青年鸭和产蛋鸭。主要通过消化道和呼吸道传染。毒力较强的菌株感染后多呈败血性经过，呈急性发作，病死率高，可达30%~40%，毒力较弱的菌株感染后病程较长，死亡率低。由于本菌为条件致病菌，许多应激因素都可能成为本病发生的诱因,饲养管理不当、阴雨潮湿、通风不良等易引起发病和流行。

急性病例病鸭体温升高，食欲减少，因口鼻分泌物增多而引起呼吸困难、摇头企图甩出喉头黏液，腹泻。慢性病例病鸭表现慢性关节炎、肺炎、气囊炎等，但这种情况生产中并不多见。

急性病例病死鸭口腔、鼻腔有多量黏性分泌物，腹腔脂肪和浆膜等处有点状出血或形成出血斑，心肌及心冠脂肪上有密集的出血点和出血斑（图3-4-1），肝脏肿大、质脆，呈暗红色或黄棕色，表面有许多白色、针尖大小的坏死点（图3-4-2），脾脏肿大，表面也可见针尖大的灰白色坏死点，肠道出血严重（以十二指肠最为严重）。产蛋鸭卵泡出血、破裂（图3-4-3）。肺脏出血，甚至实变。慢性病例病鸭关节肿胀，关节腔周围有豆腐渣样渗出物（图3-4-4）。

图 3-4-1　心肌及心冠脂肪严重出血　图 3-4-2　肝脏表面遍布针尖大小坏死点

图 3-4-3　卵泡出血、破裂　图 3-4-4　关节腔周围有豆腐渣样渗出物

　　根据临床症状和剖检变化可作出初步判断。无菌从病鸭肝组织划线接种于血琼脂培养基，37℃恒温培养24h后观察，培养基上能

够长出露珠状灰白色、湿润而黏稠的小菌落，不溶血，瑞氏染色后在显微镜下观察可见细菌呈两极浓染小杆菌。

三、防控措施

加强鸭场的饲养管理，做好生物安全措施，全进全出，引进种鸭前，鸭舍要进行严格熏蒸消毒，本病多发地区可考虑使用疫苗。

鸭群一旦发生本病后，在治疗病鸭的同时，向假定健康群饲料中添加药物进行预防，场区和生产工具要进行彻底消毒，粪便及时清除，堆积发酵处理，将病死鸭全部烧毁或深埋。根据药敏试验结果，使用敏感药物能够较好控制疾病传播。

第五节　鸭葡萄球菌病

鸭葡萄球菌病是由葡萄球菌感染引起鸭的急性败血症或慢性传染病，主要致病菌是金黄色葡萄球菌。金黄色葡萄球菌在自然环境中广泛存在，凡能够造成禽皮肤、黏膜完整性遭到破坏的因素均可成为此病的诱因。

一、病原学

金黄色葡萄球菌为革兰氏阳性菌，显微镜下排列成葡萄串状。金黄色葡萄球菌无芽孢、鞭毛，大多数无荚膜。金黄色葡萄球菌是需氧菌或兼性厌氧菌，β溶血，通常凝固酶阳性、过氧化氢酶阳性、明胶酶阳性，可发酵葡萄糖和甘露醇。葡萄球菌抵抗力极强，部分菌株对热和消毒剂有抵抗力。

二、流行特点及诊断

本病一年四季均可发生，以雨季、潮湿时节发病较多。该病菌一般从鸭皮肤的外伤和损伤的黏膜侵入鸭体，也可以通过直接接触和空气传播，雏鸭脐带感染也是常见的途径。当饲养管理不良，鸭体表皮肤破损，鸭抵抗力下降时更容易感染发病。

病鸭存在皮肤外伤或黏膜损伤，可表现为败血症、浮肿性皮炎、脐炎、翼尖坏疽、趾瘤（脚趾脓肿）、眼炎（多为化脓性）、关节炎等。胸腹部、腿部关节等处出现脓肿、坏死、溃烂，病鸭出现跛行（图 3-5-1），跗关节、跖关节、翅关节肿大（图 3-5-2 至图 3-5-5）。关节

图 3-5-1　病鸭跛行

周围结缔组织增生，关节畸形，关节囊内有淡黄色胶冻状液体或混浊渗出物（图 3-5-6、图 3-5-7）。

将发病鸭的关节渗出物、卵黄物质、内脏器官无菌接种于血液琼脂平板上，37℃培养 18~24h，可形成直径 1~3mm 的菌落，在菌落周围会有溶血环。取血平板上典型的菌落进行涂片、革兰氏染色，可见清晰地呈葡萄状排列的革兰氏阳性球菌。

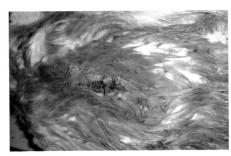

图 3-5-2　皮肤溃疡

图 3-5-3　跖趾关节脓肿

图 3-5-4　跗关节肿胀　　　　　　　图 3-5-5　趾关节肿胀

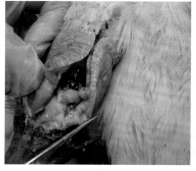
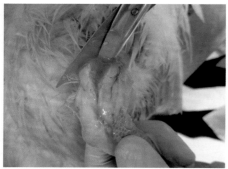

图 3-5-6　关节内胶冻样物　　　　　图 3-5-7　关节混浊渗出物

三、防控措施

　　鸭葡萄球菌病是一种环境性疾病，因此，做好鸭舍及鸭群周围环境的清洁与消毒工作，对减少环境中含菌量，降低感染机会，预防本病的发生有重要意义。加强鸭群饲养管理，适时通风、保持舍内环境干燥，避免拥挤，及时更换垫料，减少各种应激因素对鸭的刺激。防止异物性外伤，尽可能做到消除发病诱因。接种疫苗时，应选用适当孔径的注射针头，减少损伤面，要做好针头消毒，避免免疫时引起感染。

　　使用药物控制金黄色葡萄球菌感染时，应根据药物敏感试验选择有效药物全群给药，治疗中首选易吸收的药物，药物用量准确，疗程要足，注意间歇用药，交替用药，以免产生耐药菌株。

第四章

其他疾病

第一节　鸭曲霉菌病

鸭曲霉菌病是由曲霉菌引起的一种急性或慢性呼吸道性传染病，该病主要侵害鸭的呼吸系统。鸭曲霉菌在自然界广泛分布，病原主要是烟曲霉菌，黑曲霉菌、黄曲霉菌等也有不同程度的致病性。

一、病原学

曲霉菌占空气中真菌的 12% 左右，主要以枯死的植物、动物的排泄物及动物尸体为营养源，为寄生于土壤中的腐生菌。曲霉菌是一种典型的丝状菌，其形态特征是在分生孢子的头部有一个顶囊。已知的曲霉菌至少有 170 种以上，以烟曲霉菌、土曲霉菌、黑曲霉菌、黄曲霉菌为其中的代表。各个菌种形成的菌落、颜色不一样，可用于菌种的鉴别。曲霉菌的最适生长温度为 25~30℃。曲霉菌的孢子抵抗力很强，煮沸后 5min 才能杀死，一般消毒液中须经 1~3h 才能灭活。

二、流行特点及诊断

各种日龄鸭均能感染，但以雏鸭较为常见，且发病多为群发性和急性经过。20 日龄内的雏鸭多见发病，但以 4~15 日龄雏鸭易感性最高。随着日龄的增加，抵抗力也增强，成年鸭多为散发，呈慢性经过，死亡率较低。该病的传播途径主要为呼吸道和消化道，被曲霉菌污染的垫料、土壤、空气和发霉的饲料等可含有大量曲霉菌孢子，是引起本病流行的主要原因。育雏阶段，由于室温高、通风换气不良、过度拥挤、阴暗潮湿以及营养不良等因素，常促使本病的发生。在孵化过程中的胚蛋，亦可由霉菌的菌丝体穿透蛋壳，特别是进入气室内而使胚胎感染，孵出的雏鸭即出现病状。

雏鸭感染呈急性表现，病初鸭群吵叫不安，继而精神不振、食欲减少或拒食，渴欲增加，羽毛蓬松，翅下垂，嗜睡，病雏逐渐消瘦，随后出现呼吸困难，头颈前伸，张口吸气，喘鸣啰音；眼鼻流黏液，有"甩鼻"现象；后期下痢，排黄色粪便，肛门周围粘满稀粪，此时病雏迅速消瘦，精神萎靡，闭目昏睡，最后窒息死亡。有的病雏鸭眼结膜充血肿胀，眼睑下有干酪样凝块。病程长短不一，急性病例病死率可达50%以上。

成年鸭发生本病时多呈慢性经过，病死率较低。主要表现为生长缓慢，发育不良，羽毛松乱无光泽，病鸭不愿走动，逐渐消瘦而死亡。产蛋鸭感染本病则表现为产蛋减少或停产，病程延至数周。

剖检可见肺部有粟粒至绿豆大的黄白色或灰白色结节(图4-1-1)，结节柔软有弹性，切开结节可见中心是均质的干酪样坏死组织，内含大量菌丝体。有的气管内也有黄白色结节；气囊膜形成点状或局部混浊，呈云雾状，后变为圆形凸起的灰白色结节，形状、大小、数量不一，严重者整个气囊壁增厚，气囊内含有灰白色或黄白色炎性渗出物，后形成干酪样物（图4-1-2）；肝、肾、心等脏器以及胸腔、腹腔浆膜上也有灰白色结节或病斑（图4-1-3、图4-1-4）。

根据发病规律、临床症状和剖检变化可作出初步诊断，确诊时可取病变结节涂片检查霉菌菌丝体或孢子，必要时可进行真菌培养鉴定。

图 4-1-1　肺部充满黄白色或灰白色结节　　图 4-1-2　气囊内形成干酪样物

图 4-1-3　肾脏霉菌结节　　　　　图 4-1-4　心肌霉菌结节

三、防控措施

消除感染源，不使用发霉的垫料或饲料，鸭舍保持干燥、通风、定期消毒。消毒可用福尔马林熏蒸，或用 0.4% 过氧乙酸或 5% 石炭酸喷雾后密闭数小时。制霉菌素按每只雏鸭日用量 3~5mg 拌料喂服，病重时可适当增加药量灌服，每日 2 次，连续 2~3 天。或以 0.05% 的硫酸铜溶液或 0.5%~1% 碘化钾液作为饮水，连续 3~5 天，同时注意通风换气。

第二节 痛 风

痛风是一种蛋白质代谢障碍性疾病，无论是体内的尿酸盐形成过多还是尿酸盐的排泄出现障碍都会引起大量的尿酸盐在体内滞留，从血管渗出沉积在内脏表面引发痛风。本病的最主要特征是关节腔、内脏、肾小管、输尿管等处有尿酸盐沉积。临床上出现腿、翅关节肿大，跛行，排白色稀粪，发病率和死亡率都较高。

一、病因

常见造成痛风的因素有如下方面。

（1）蛋白质在鸭体内最终分解为尿酸，以尿酸盐的形式经肾排出体外。当饲料中富含粗蛋白的原料，如鱼粉、肉粉、豆粕等添加过多，产生的尿酸盐超出了肾脏排泄的能力，导致未排出的尿酸盐在体内沉积。

（2）伤寒、副伤寒、大肠杆菌等细菌侵袭，磺胺类药物、氨基糖苷类药物或者霉菌毒素中毒导致肾脏功能不全或损害时，尿酸排泄出现障碍，容易引起痛风。

（3）饲料中钙镁含量过高、草酸含量过高、维生素 D 过量、维生素 A 和维生素 B 缺乏都易引发痛风。

（4）各种环境应激也会促使本病的发生。

引发本病的原因很多，大部分原因可以被找到，但营养性的特别是维生素 A 缺乏这个原因很多时候会被忽略。

二、流行特点及诊断

病鸭精神沉郁萎靡，饮食减少或废绝，逐渐消瘦，羽毛蓬乱，贫血，腹泻，排泄黏液状白色稀粪，其中含有大量白色的尿酸盐。有的患鸭嗉囊高度扩张，口中流出少量淡黄色或无色稍混浊液体。患鸭不愿走动。产蛋鸭产蛋率和孵化率下降。个别的患鸭关节肿胀。剖检可见患鸭肾脏肿大，颜色变淡，质脆。肾小管因蓄积尿酸盐而变粗，使肾表面外观呈白色花斑样，输尿管扩张变粗，管腔内充满大量乳白色石灰样近似干酪样物或浓稠尿酸盐沉淀物（图4-2-1）。随着病情加重，心、肝、脾、胸腹膜、肠系膜、气囊等处都可能出现一层尿酸盐沉积，严重的形成一层白色薄膜（图4-2-2、图4-2-3）。

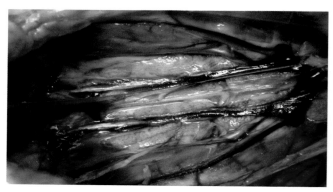

图4-2-1　肾脏及输尿管内尿酸盐沉积

图4-2-2　腹腔尿酸盐沉积

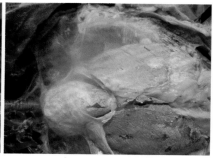

图4-2-3　心肌、心包膜、肝脏有尿酸盐附着

部分病鸭关节肿大，足部变形（图4-2-4）。打开关节可见关节周围组织因尿酸盐沉积而变白，关节腔内可见白色半流质的尿酸盐沉积（图4-2-5）。有些骨关节面溃疡及关节囊坏死，严重者尿酸盐沉积成痛风石。

图4-2-4 病鸭关节变形　　　图4-2-5 关节腔内尿酸盐沉积

三、防控措施

本病尚无特效的药物，建议以预防为主。

（1）合理配制全价日粮。根据鸭只不同品种、不同的日龄和生长阶段的营养需要，配制搭配合理的日粮，粗蛋白含量不能过高。注意补充维生素、微量元素，适当提高维生素A、维生素B的用量，钙、磷比例要适宜。

（2）避免长期或过量使用对肾脏有损害的药物。治疗鸭病时不宜长期或过量使用磺胺类和庆大霉素等药物，使用磺胺类药物时，最好配合碳酸氢钠同时使用。

（3）加强饲养管理，鸭群饲养密度不要过大，通风良好，光照充足，尽量避免应激。在不同的生长阶段，确定合理的光照强度、适宜的环境温度，供给充足的饮水，保持鸭舍清洁干燥、通风良好。

第三节　鸭黄曲霉毒素中毒

　　鸭对黄曲霉毒素很敏感，容易发生中毒，引起发病和死亡。不同日龄的鸭对黄曲霉毒素的敏感性不相同，雏鸭比成年鸭更为易感。本病无有效的治疗方法，常给生产者造成极大的损失。

一、病原学

　　黄曲霉毒素是黄曲霉菌、寄生曲霉等产生的一种有毒代谢产物，目前，已确定结构的黄曲霉毒素有 B_1、B_2、B_3、D_2、G_1、G_2、G_{2a}、M_1、M_2、P_1、Q_1、R_0 等共18种。黄曲霉毒素在正常的饲料和食物中相当稳定，耐热，不易分解。

二、流行特点及诊断

　　黄曲霉菌广泛存在于自然界中，但其中只有少部分产生毒素。所有家禽和饲料都有助于曲霉菌的生长和黄曲霉毒素的形成。在温暖潮湿的环境中，黄曲霉菌容易在花生、玉米、大豆、棉籽、豆饼、麸皮等饲料原料中生长繁殖和产生毒素，从而导致这些原料发霉变质，当鸭采食后，容易发生中毒。

　　病鸭食欲减退或废绝，精神委顿，羽毛松乱，呼吸加快，步态不稳，不愿走动，嗜睡，排黄绿色稀粪。有的伴有神经症状，临死前头颈后仰呈角弓反张。有的急性病例未显任何症状，突然跳动几下后倒地猝死。

　　较大雏鸭可见有皮下胶样渗出物，在腿部和蹼有严重的皮下出血，肝脏的病变常是中毒的明显指示。雏鸭对黄曲霉毒素较为敏感，发生黄曲霉毒素中毒表现肝脏肿大，色泽发灰或因胆汁贮留而呈铜绿色，表面呈网格状坏死或出血（图4-3-1至图4-3-4）。肾苍白肿大，有斑纹状出血（图4-3-5）。腺胃有出血点（图4-3-6），肌胃有溃疡灶（图4-3-7）。心肌苍白，有出血甚至溃疡（图4-3-8、图4-3-9）。产蛋期种鸭对霉菌毒素耐受力稍强，霉菌毒素常造成肝脏肿大和硬化，有花斑样出血（图4-3-10、图4-3-11），发病时间较长的可见心包积液和腹水（图4-3-12、图4-3-13），亦可见肾脏苍白、肿胀出血，脾脏极度肿大与胰脏出血（图4-3-14、图4-3-15）。

图 4-3-1　肝脏表面网格状坏死

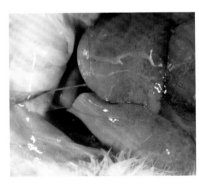

图 4-3-2　肝脏表面网格状坏死

图 4-3-3　肝脏呈铜绿色，有网格状坏死

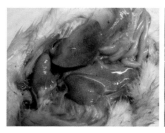
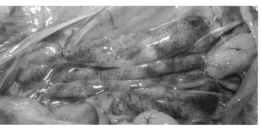

图 4-3-4　肝脏表面网格状坏死

图 4-3-5　肾脏肿胀，斑纹状出血

图 4-3-6　腺胃有出血点

图 4-3-7　肌胃有溃疡

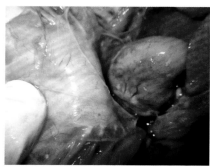

图 4-3-8　心肌苍白，有出血

图 4-3-9　心肌溃疡

图 4-3-10　肝脏肿胀，色泽变淡

图 4-3-11　肝脏肿大硬化，有网格状出血

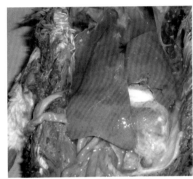

图 4-3-12　肝脏硬化，有腹水

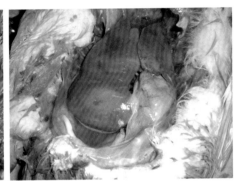

图 4-3-13　肝脏硬化，有腹水

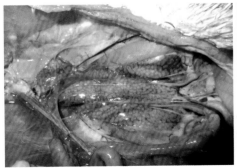

图 4-3-14　肾脏肿胀，颜色苍白

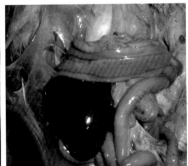

图 4-3-15　脾脏极度肿大，胰腺出血

当怀疑鸭群发生黄曲霉毒素中毒时，首先要检查饲料霉变情况，若饲料出现霉变，饲喂可疑饲料的鸭数量与鸭发病率呈正相关，未饲喂可疑饲料的鸭不发病，鸭之间无传染性，结合临床症状、病理变化，有条件的可以进行血液检查，从而可以作出初步诊断。若要确诊，必须进行黄曲霉毒素测定及生物学鉴定。

三、防控措施

不使用发霉的垫料和饲料，注意鸭舍通风，保持鸭舍干燥。

本病目前尚无有效治疗药物，一旦发现疑似黄曲霉毒素中毒病鸭，则应立即查明原因，去除造成中毒的因素，并给予富含维生素的饲料，让其大量饮水，并在饮水中添加葡萄糖、维生素 C，饲料中适当添加脱霉剂，以加快机体的解毒、排毒。